ほんとうの大きさ

これは、どうぶつ園にいる どうぶつたちの ほんとうの大きさです。
野生のどうぶつなので、ちりょうには きけんなこともあります。
でも、こわいというきもちもひつようで、
じゅうぶんな じゅんびをして ちりょうしています。

大きさは、おおよそのものです。どうぶつによって ちがいがあります。

監修のことば

　みなさんは、動物園に行ったことがありますか？　おそらく、一度も行ったことがないという人は、あまりいらっしゃらないのではないでしょうか？　でも、動物園の裏側を見たことがある人は、きっと少ないでしょう。

　動物園にはいろいろな仕事があります。動物の世話をする飼育の仕事はもちろん、お客様の安全を守る警備、園内を清潔に保つ掃除、動物がすんでいる家の管理、園内に植えられている植物の世話など、まだまだあります。そうしたたくさんの仕事のひとつが動物園の獣医の仕事です。

　そんな動物園の裏側で働く獣医の仕事が本になりました。イヌやネコなどのいつも人間と一緒にいるペットと違い、野生動物である動物園の動物は、触ることすらなかなかできません。そのため、診察や治療は難しいことが多いですが、とてもやりがいのある仕事です。

　でも、動物園で働くスタッフは裏方で、動物園の主役は動物たちです。この本を見て、動物園の動物に今まで以上に興味を持っていただけたら、とてもうれしいです。

　みなさんに、動物園の楽しみ方をこっそりお教えします。動物園に来るときは、ゆっくり見る動物を何かひとつ決めてください。もちろん、動物園にいる動物を全部見て回るのも楽しいものです。地球には、本当にいろいろな種類の動物がいるんだなということが、実感できると思います。

　でも、動物たちの本当の魅力は、ぱっと見ただけではわからないことがたくさんあります。ひとつの動物を、ゆっくり時間をかけて見てください。思いもかけない動きやしぐさを見せてくれることがあります。たとえば、ケープハイラックスは、すべりやすい岩を登るときでも、まるで足がぴったり岩に張りついているかのように登ることができます。どうしてでしょう？　ぜひ、自分で調べてみてください。そして、もう一度ケープハイラックスに会いに来てください。もっと、いろいろなことがわかります。

　たくさんの動物をいっぺんに見るより、ひとつの動物をゆっくり見たほうが、きっときっと楽しい発見がいっぱいありますよ。

植田　美弥（うえだ　みや）
1963年（昭和38年）神奈川県生まれ。公益財団法人 横浜市緑の協会勤務。よこはま動物園ズーラシア獣医師。1988年、東京農工大学農学部獣医学科（現 共同獣医学科）卒業。民間の獣医科病院にて小動物臨床、サンシャイン国際水族館（現 サンシャイン水族館）、金沢動物園勤務を経て、1997年4月、よこはま動物園ズーラシアの開園準備スタッフとなり、現在に至る。日本野生動物医学会専門医協会認定専門医（動物園動物医学）。とくに、飼育下ペンギンの疾病の予防や診断などについての研究を続けている。著作に、光村図書国語教科書小学校2年生（上）「どうぶつ園のじゅうい」がある。

どうぶつのじょうほう

オグロワラビー	→ どうぶつの名前
体長●65～85センチメートル	→ ほにゅうるいは、はな先から尾のつけ根までの長さ／鳥は、くちばしの先から尾の先までの長さ
体重●9～20キログラム	→ 体の重さ
分布●オーストラリア北東部の森	→ 野生のものが　すんでいるばしょ
くらし●草や木の葉を食べて　くらす。むれは　つくらず、おもに　夜　かつどうする。カンガルーと同じように　赤ちゃんは、お母さんのおなかにある　ふくろの中でせいちょうする。	→ 野生での　食べものや　むれなど

どうぶつ園のじゅうい

ぜつめつから すくう しごと

植田美弥 監修

金の星社

ぜつめつから すくう しごと

わたしは どうぶつ園のじゅういです。世界には、ぜつめつがしんぱいされている
どうぶつが たくさんいます。「ぜつめつ」とは、数がへって ちきゅう上から
そのどうぶつが１頭も いなくなってしまうことです。
どうぶつ園には、そうしたどうぶつをすくう やくわりがあります。
その手つだいをするのも、わたしたち じゅういのしごとです。

どうぶつ園では、世界かく地の ぜつめつが
しんぱいされている どうぶつたちも しい
くしています。

2016年に、わたしがはたらく
どうぶつ園で、ぜつめつがしん
ぱいされているトラの赤ちゃん
が生まれました。

赤ちゃんをうんでもらうために ほかのどうぶつ園へ ホッキョクグマを おくり出しました。そのときのけんこうしんだんのようすです。

どうぶつ園で ぜつめつがしんぱいされている どうぶつを すくうには、まず、けんこうを まもることが 大切です。

けんこうしんだんをして びょうきにかかっていないか、かくにんします。もし、びょうきにかかっていれば ちりょうをします。

つぎに、数をふやすために オスとメスで こうびができるようにする ひつようがあります。「こうび」とは、オスとメスが赤ちゃんをつくるための こうどうです。

こうびのあいてが いないときは、ほかの どうぶつ園から、あいてを むかえます。はんたいに ほかの どうぶつ園に、あいてを おくることも あります。そのように世界中のどうぶつ園が きょうりょくしています。

オランウータン 元気にそだって

今日は　朝いちばんに、
オランウータンの家に来ました。
オランウータンは、
ふるさとの森の木が切られ
すみかが　なくなってきているため、
ぜつめつがしんぱいされています。

チェリアを　だいてみたら　ずいぶんおもくなっていたので、うれしくなりました。

これは、オスのオランウータン　ロビン。チェリアのお父さんです。

野生のオランウータンの数は、この100年間で　5分の1にまで　へってしまったと考えられています。

2014年11月に、そのオランウータンの赤ちゃんが生まれました。メスのオランウータン　チェリアです。

チェリアは、ずいぶん大きくなりました。ぶじに　そだって、りっぱなお母さんに　なるといいなと思います。

> **ボルネオオランウータン**
>
> 体長●オス120〜140、メス80〜100センチメートル
> 体重●オス70〜90、メス50〜70キログラム
> 分布●ボルネオ島（東南アジア）の森
> くらし●むれをつくらず、一生　高い木の上で　くだものや木の葉を食べて　くらす。夜は、毎ばん　ちがうばしょに木のえだでベッドをつくって　ねむる。

こんなことがありました オランウータン

ロビンの しゅじゅつと、チェリアの人工ほいくについて しょうかいしましょう。

ますいが きいているロビンが、おくの しゅじゅつ台で ねむっています。わたしは、けんさをするためにとった おできの一部を ケースに入れています。

2014年に、ロビンの舌の しゅじゅつをしました。舌に おできができたので、ますいをかけて ねむらせてから、おできを とりのぞきました。けんさのけっか、さいわい わるいびょうきではなく、まもなく 元気になりました。

チェリアは　しいくいんさんが　そだてています。チェリアのお母さんのバレンタインが、うまくおちちを　のませることができなかったからです。わたしがはたらく　このどうぶつ園では、オランウータンの　しゅっさんは　はじめてでした。そして、オランウータンの赤ちゃんを　人の手でそだてるのも　はじめてだったので、みんなでくふうしながら　そだてました。

▲わが子のチェリアをだくバレンタインです。大切そうにだいていますが、おちちをのませることは　できませんでした。

チェリアが赤ちゃんだったころ、しいくいんさんは　夜もどうぶつ園にとまりこんで数時間おきに　ミルクをのませました。

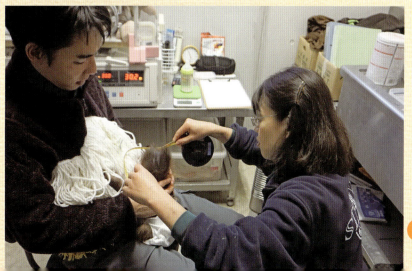

しっかりと　せいちょうしているかを　たしかめるために　頭の大きさを　はかっているところです。じゅんちょうに　そだっているので　あんしんしました。

イノシシ 元気にしているかな？

つぎに来たのは　イノシシの家です。このイノシシも、ふるさとの森で
数がへっている　どうぶつです。元気にしているか　見回ります。

このアカカワイノシシというしゅるいのイノシシは、日本のどうぶつ園では　あまり　しいくされていません。何頭かは、ほかのどうぶつ園に　もらわれていきました。数の少ない　どうぶつのばあい、1つの　どうぶつ園だけで　しいくしていると、でんせんびょうなどが　はっせいしたときに、ぜんめつしてしまいます。そこで、ほかのどうぶつ園と　きょうりょくして　いくつかの園に分けて　しいくしているのです。

アカカワイノシシ
- 体長●60〜100センチメートル
- 体重●50〜120キログラム
- 分布●西アフリカから中央アフリカの森や林
- くらし●4〜20頭くらいの　むれでくらし、おもに　夕方から夜にかつどうする。草の根や木の実などを食べるが、トカゲやヘビ、鳥のたまごなども食べる。

こんなことがありました　イノシシ

赤ちゃんができたかどうか、けんさをしたことがあります。
また、ブラシでなでると　きもちよくなって　よこになります。

2006年のある日、しいくいんさんから　れんらくがありました。イノシシに　赤ちゃんができたようなので、たしかめてほしいというのです。しいくいんさんが　えさを食べさせている間に、イノシシのおなかに　そっと　きかいを当てました。すると、となりのへやにおいた　きかいの　がめんに　小さな赤ちゃんのかげが　うつし出されました。

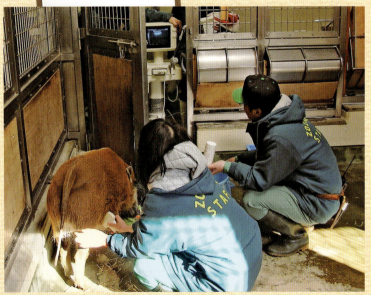

おなかの中の赤ちゃんは　3頭いました。その後、この赤ちゃんたちは　ぶじに生まれ、元気にそだちました。

イノシシは、今日も 元気そうなので あんしんしました。

家の中には、赤ちゃんもいました。赤ちゃんには しまもようがあります。

しばらくブラシでなでていると きもちよさそうに よこたわりました。

このイノシシは、ブラシでなでてもらうのが 大すきです。なでていると きもちよくなって よこになることも あるので、よくこうしてなでていました。ふだんから このように なれさせておくと、ぐあいがわるいときも なでてよこたわらせることができ、かんさつや ちりょうがしやすくなるからです。

ツシマヤマネコ ぜつめつさせない ために

つぎにむかったのは、しゅじゅつしつです。
今日(きょう)は、ツシマヤマネコの けんこうしんだんをする よていです。

イエネコと同(おな)じくらいの大(おお)きさです。野生(やせい)では、100頭(とう)ほどしかいません。

日(に)本(ほん)の対(つ)島(しま)という島(しま)にしか すんでいない ツシマヤマネコは、今(いま)、ぜつめつがしんぱいされています。そのため、国(くに)のきかんである かんきょうしょうと 全(ぜん)国(こく)のどうぶつ園(えん)などが きょうりょくして ツシマヤマネコをまもるかつどうに とりくんでいます。
どうぶつ園(えん)では、ていきてきに けんこうしんだんをしています。今(きょう)日のけんさでは、とくに わるいところは ありませんでした。

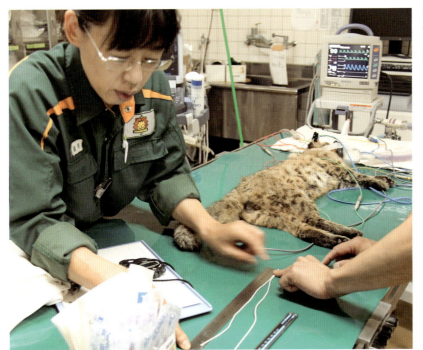

けんこうしんだんは、ぜんしんますいをかけておこないます。体の大きさをはかるためにどうのまわりに ひもをまき、そのひもの長さを ものさしではかりました。

ツシマヤマネコ
体長●70〜80センチメートル
体重●3〜5キログラム
分布●対島（長崎県）
くらし●むれをつくらず、おもに早朝と夜にかつどうする。ネズミや鳥、こんちゅうなどを食べる。森があれたことで すみかや食べものがへり、車がふえたことで じこにあって いのちをおとすものが ふえている。イエネコからうつる びょうきなども もんだいになっている。

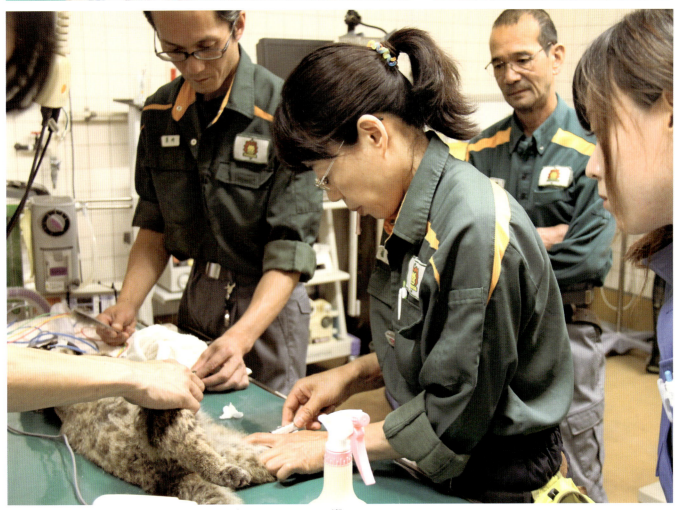

後ろ足の血かんから 血をとっているところです。血をしらべることで、体のじょうたいが よくわかります。

しょうかい！ ほごされた どうぶつたち

わたしが はたらいている どうぶつ園では、
きずついた野生のどうぶつを ほごし、しぜんにかえすことも しています。※
じゅういである わたしは、その手つだいをしています。
ほごされた どうぶつたちを しょうかいしましょう。

しゅじゅつ後の チョウゲンボウ
つばさのほねが おれていたので、しゅじゅつをしました。
ぶじに なおって しぜんにかえることが できました。

※ 多くのどうぶつ園では、野生のどうぶつから びょうきが うつる きけんがあるため、野生どうぶつのほごは あまり おこなわれていません。わたしのいる どうぶつ園では、はなれた たてもので 気をつけて おこなっています。

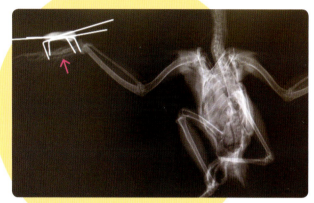

レントゲンしゃしん
おれたほねを 金ぞくの細いぼうで ささえて、
ずれないようにしました（←の部分）。

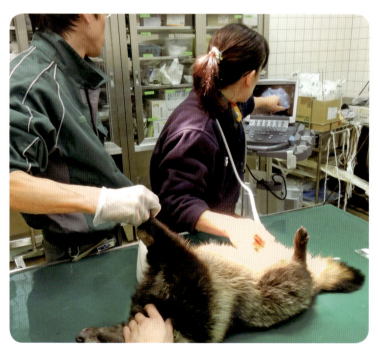

こうつうじこにあった タヌキ
きかいで 体の中を 見ています。こしのほねが おれていたので ちりょうを しましたが、けがが ひどく、つぎの日に しんでしまいました。

みなさんが、きずついたり　すからおちたりした野生のどうぶつを　見つけたときは、さわらずに、やくしょなどに　そうだんしましょう。

すだったばかりの鳥のひなは　まだうまくとべませんが、近くにいる親が　食べものを　はこんでそだてています。ところが、人がそばにいると　親はひなに　近づくことができません。

また、どうぶつから　人間に　びょうきがうつったり、つめやくちばしで　けがをしたりすることもあるからです。

ムクドリのひな
木の上から　すごと　おちたようです。とべるようになるまで　そだてて、しぜんにかえしました。

ツバメのひな
すからおちていたところを　ほごされました。とべるようになるまで　そだてて、しぜんにかえしました。

カワセミ
まどガラスにぶつかって、ほごされました。2日後には　すっかり元気になったので、しぜんの水べに　かえしました。

イワツバメ
ほごされてから1〜2しゅうかんで元気になったのでしぜんにかえしました。

フクロウ
けがや　びょうきが　なおっても、野生で生きるのが　むずかしい場合は、どうぶつ園の　どうぶつびょういんで　くらすことがあります。そして、このフクロウのようにどうぶつのほごについて知ってもらうイベントなどで　かつやくすることもあります。

キリン なかよく しているかな？

つぎは、キリンの うんどう場に来ました。キリンは、ふるさとの草原で数がへり、しんぱいされています。ここには、3頭のキリンがいます。
なかよくなって 赤ちゃんが生まれることが きたいされています。

左がハクナ、右がカルメンです。おたがいのにおいをかいで、あいさつをしています。

3頭は、アメリカのどうぶつ園からやって来た メスのエマとカルメン、オスのハクナです。みんな けがもなく けんこうそうです。ハクナとカルメンが なかよさそうにしていたので、この先が楽しみです。

キリン

- 体長 ● 3〜5メートル
- 体重 ● やく 900 キログラム
- 分布 ● アフリカの草原や木がまばらに生えた林
- くらし ● 10〜20頭ほどのむれでくらし、長い舌で 木の葉をたぐりよせて食べる。生まれたばかりの赤ちゃんでも2メートルくらいある、世界一せの高いどうぶつ。

> こんなことがありました

キリン

2014年11月、エマとカルメンがやってきた日のことをしょうかいしましょう。

エマとカルメンは、アメリカから ひこうきにのってやって来ました。エマは2さい、カルメンは まだ生まれて11か月の子どもでした。
せの高い 大きなはこに入れられた2頭は、じゅういや しいくいんさんが 見まもるなか、ぶじに どうぶつ園にとうちゃくしました。

キリンたちは、日本についてから 1か月ほど けんさをうけたあとで、トラックにのせられて やって来ました。

人とくらべると キリンの入ったはこが とても大きいことがわかります。

はこの入り口を あけました。しいくいんさんが 木の葉をもって、キリンのへやへと さそっているところです。

サイ　りっぱな角が　あるために

昼休みの前に、メスのサイ　アキリのようすを　見に来ました。
アキリは　ニルのおよめさんとして、2015年の7月に
ドイツのどうぶつ園からやって来ました。

サイも、ぜつめつがしんぱいされている　どうぶつです。頭に生えている　りっぱな角が、人間のくすりになると考えられているため、角を目当てに　たくさんのサイがころされています。
そこで、世界中で　サイをまもるかつどうがおこなわれています。

サイは　どろあびが大すきです。雨の日でも　うんどう場で　楽しそうにすごしています。

うんどう場に行くとアキリがよってきました。元気そうであんしんしました。

ヒガシクロサイ

体長 ● 3〜3.7メートル
体重 ● 1〜1.8トン
分布 ● アフリカ中南部のしげみ
くらし ● むれはつくらず、1頭または　母親と子どもでくらす。木の葉や草を食べる。角は、人間のかみの毛やつめと　同じような　せいぶんでできていて、一生のびつづける。

こんなことがありました

サイ

オスのサイ　ニルは、2015年1月に、愛知県のどうぶつ園から　やって来ました。

体の大きなニルがあばれると　じこにつながります。わたしたちは、ますいじゅうをよういして　まちうけました。ニルがあばれたときに、くすりで　おちつかせるためです。さいわい　ニルは　あばれなかったので、わたしたちは　ますいじゅうを　つかわずにすみました。

サイは体がおもいので、はこをうごかすのも　ひとくろうでした。クレーンではこをつって、トラックからおろしました。

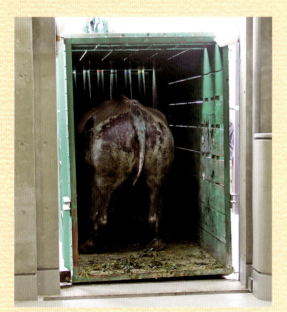

はこは、ニルの体が　ちょうどぴったり入る大きさです。大きすぎると、はこがゆれたときに　ニルが　中でころんで　けがをするしんぱいがあるからです。

はこから出たニルは、さっそく草を食べはじめました。角には、はこにぬられていた緑色のペンキがついています。はこばれるときに　こすれたのでしょう。

17

トラ いのちを つなぐために

昼のしょくじをすませてから、トラのうんどう場に来ました。
2016年3月に 愛知県のどうぶつ園から来た
カリのようすを見回ります。

野生のトラは　とても数が少なくなっています。トラを　ぜつめつからすくうため、世界中のどうぶつ園が　きょうりょくし、赤ちゃんをうんでもらうために　どうぶつ園どうしでトラの　かしかりをしています。カリは、愛知県のどうぶつ園が　カナダのどうぶつ園からかりたメスのトラです。ざんねんながら、愛知県では　赤ちゃんが生まれなかったので、こんどは　わたしが　はたらいている　どうぶつ園にやって来ました。

こちらは　2014年に、カリとは　べつのメスがうんだ子どものミンピです。カリにも赤ちゃんができるといいなと思います。

カリは、来たばかりのころは　なかなかトラの家から　出たがりませんでした。今は少しずつなれてきて、ようやく　うんどう場に　出られるようになりました。

スマトラトラ

体長 ● 1.8〜2.5メートル
体重 ● 80〜150キログラム
分布 ● スマトラ島（東南アジア）の森
くらし ● むれをつくらず、1頭ずつ　広いなわばりをもってくらしている。イノシシやシカ、ウサギや鳥などを食べる。すみかの森が少なくなり、また、毛皮やほねをとるために　ころされて数がへり、ぜつめつがしんぱいされている。

こんなことがありました

トラ

ミンピが生まれたときのようすと、ミンピの姉妹 ダマイを ほかのどうぶつ園に おくり出した日のことを しょうかいしましょう。

2014年8月に、トラの赤ちゃんが2頭生まれました。どちらもメスで、ミンピとダマイと名づけられました。両親のガンターとデルは、赤ちゃんをうんでもらう計画のために、それぞれ外国のどうぶつ園から やって来ました。何年もかかって、ようやく生まれた赤ちゃんです。

▲生まれて30日目のダマイ。すくすくそだちました。

お母さんのデルといっしょに うんどう場に出たミンピとダマイ。姉妹で なかよくあそびました。

お母さんのデルは、はじめてのお産さんでしたが　とてもおちついていました。じょうずにおちちを　あたえていたので、しいくいんさんといっしょに　大よろこびしました。わたしは、少し大きくなってから　赤ちゃんがオスかメスかをかくにんし、よぼうせっしゅをしました。

2頭が生まれて2年後の2016年3月、ダマイが愛知県のどうぶつ園に　うつることになりました。愛知県のどうぶつ園から来るカリと　こうかんです。どちらも　赤ちゃんをうんでもらうための計画です。

その日は　雨のふる　さむい日だったので、おりのカバーの上に毛布をかけ、さらにシートをかぶせて　おくり出しました。

むこうで　赤ちゃんができますようにと　いのりながら、「行ってらっしゃい！　元気でね」と言って手をふりました。

ホッキョクグマ　なかよくしているかな？

つぎに来たのは、ホッキョクグマの家です。
オスのジャンブイと　新しく来たおよめさんが　なかよくしているか
ようすを見に来ました。

ホッキョクグマは、ほっきょくけんという　北のさむいばしょにすんでいる　どうぶつです。今、車のはいきガスなどのえいきょうで　ちきゅうがあたたかくなり、ほっきょくけんの海のこおりがとけ、こおりの上でくらす　ホッキョクグマの数がへっています。

そんななか、世界中のどうぶつ園が、ホッキョクグマに赤ちゃんが生まれるように　きょうりょくしています。このどうぶつ園にも、ジャンブイの　およめさんとして、北海道のどうぶつ園から　ツヨシが　やって来ました。

ジャンブイは、家の中にいました。
ツヨシとなかよくなって、赤ちゃんが生まれるといいなと思います。

ツヨシは、うんどう場のプールで　きもちよさそうに　およぎ、こちらに近づいて来ました。オスのような名前ですが、メスです。

ホッキョクグマ
体長● オス 2.5～3、メス 2～2.5 メートル
体重● オス 350～650、メス 175～300 キログラム
分布● ほっきょくけん
くらし● こおりの上をいどうしながら　アザラシやセイウチなどをとって食べる。おなかに赤ちゃんがいるメスは、冬の間　雪やこおりをほった　すあなにこもって　赤ちゃんをうむ。春になると、親子で　すあなから出てくる。

こんなことがありました

ホッキョクグマ

メスのバリーバが、愛媛県のどうぶつ園にかえった日のことをしょうかいしましょう。

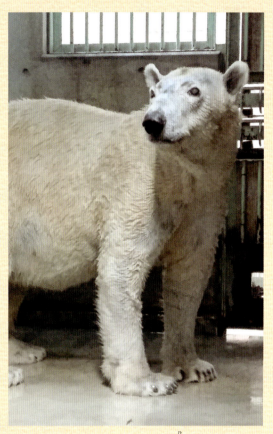

バリーバは、2011年に 愛媛県のどうぶつ園から来ました。ジャンブイとなかよくなって 赤ちゃんが生まれることを きたいされていましたが、ざんねんながら 赤ちゃんはできませんでした。
そのため、2016年に もといたどうぶつ園にかえることになりました。

かえる日のバリーバ。いどう用の はこに入れるため、ますいじゅうで ねむらせました。

ますいがきいて ねむっている間に血をとり、エコーという ちょう音波を出すきかいで、体の中のようすをかんさつしました。かえる前の けんこうじょうたいをかくにんしておくためです。

しょうかい！ かしかり 大（だい）さくせん！

今（いま）、ぜつめつがしんぱいされている どうぶつをまもり、
新（あたら）しい赤（あか）ちゃんが生（う）まれるように、世界中（せかいじゅう）のどうぶつ園（えん）が きょうりょくしています。
いろいろな さくせんを しょうかいしましょう。

スマトラトラの ガンターとデル
オスのガンターは アメリカのどうぶつ園（えん）から、メスのデルは オランダのどうぶつ園（えん）から やって来（き）ました。2014年（ねん）にミンピとダマイが生（う）まれ（▶20ページ）、2016年（ねん）には、さらに、赤（あか）ちゃんが生（う）まれました。

スマトラトラのデルと赤（あか）ちゃん
2016年（ねん）に生（う）まれた赤（あか）ちゃんも、すくすくそだっています。

ホッキョクグマのジャンブイとバリーバ
バリーバは、ブリーディングローンで 愛媛県（えひめけん）のどうぶつ園（えん）から来（き）ました。2頭（とう）は なかよしでしたが、赤（あか）ちゃんはできませんでした（▶23ページ）。

ぜつめつがしんぱいされている　どうぶつを　すくうためには、どうぶつたちの　ふるさとの　かんきょうをまもることが大切です。

また、どうぶつ園で数をふやすことも　ひつようです。そこで、国内外のどうぶつ園で　きょうりょくして、赤ちゃんが生まれるように、どうぶつ園どうしで　同じしゅるいの　どうぶつを　かしかりしています。このことを「ブリーディングローン」とよんでいます。

ボルネオオランウータンのロビンとバレンタイン
バレンタインは、兵庫県のどうぶつ園からブリーディングローンで来て、2014年にチェリアが生まれました。

ボルネオオランウータンのチェリア
人の手でそだてられましたが　元気にそだち、うんどう場にも出られるようになりました（▶7ページ）。

リカオン
ぜつめつがしんぱいされています。人の手でそだてられた4頭が、ぶじに　せいちょうしています（▶2巻16ページ）。

リカオンの赤ちゃん
リカオンの赤ちゃんが生まれたのも人の手でそだてたのも　このどうぶつ園では　はじめてで、くふうしながらそだてました。

コウノトリ
日本では、ぜつめつがしんぱいされている鳥です。かく地のどうぶつ園と　きょうりょくして数をふやし、野生にかえす　どりょくがつづけられています。

ウンピョウ けんこうしんだん

ウンピョウの家に来ました。
ウンピョウも　ぜつめつがしんぱいされている　どうぶつです。
今日は　けんこうしんだんをして、体のじょうたいを　しらべます。

ウンピョウは　すみかの森が少なくなり、さらに　うつくしい毛皮をとるために　ころされて　数がへってしまいました。

ますいじゅうで　ますいのくすりを　うちこみ、ぐっすりねむらせてから　けんさをします。
とくに　もんだいはなく　けんこうなことがわかり、あんしんしました。
どうぶつ園では、これまでに何頭も、ウンピョウの赤ちゃんが生まれています。これからも
新しいいのちが生まれるように、けんこうをまもりたいと思います。

「ウ〜！ ガウ〜！」と 大きな声でほえて おこっています。ますいじゅうで しっかりねらい、後ろ足にめいちゅうさせました。

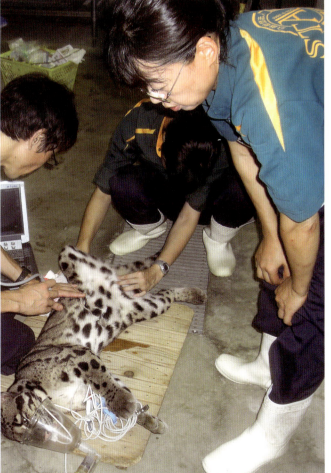

ますいがきいたことを かくにんして、体のじょうたいを しらべていきます。

ウンピョウ

- 体長 ● 60〜100 センチメートル
- 体重 ● 16〜23 キログラム
- 分布 ● アジアの森
- くらし ● むれをつくらず、1頭でこうどうし、1日の ほとんどを木の上ですごす。かりは地上でおこない、シカやサル、リスや鳥などを食べると考えられているが、じつは まだ くわしいくらしはわかっていない。

レッサーパンダ　世界中で　力を合わせて

さいごに、レッサーパンダの　見回りに来ました。
レッサーパンダも、ぜつめつがしんぱいされている　どうぶつです。
ぜつめつから　すくうため、世界中のどうぶつ園がきょうりょくしています。

レッサーパンダは、すみかの森がなくなったり　毛皮を目当てにころされたり　ペットとしてつかまえられたりしたことで　数がへっています。
オスのレッサーパンダ　ミーミーは、長生きをしました。そしてメスのパムとの間に生まれた何頭もの赤ちゃんが、外国もふくめ　かく地のどうぶつ園にたび立っていきました。

レッサーパンダ
- 体長●50〜60センチメートル
- 体重●4〜7キログラム
- 分布●アジアの高地にある竹やぶや森
- くらし●タケの葉やタケノコ、木の葉や木の実、ネズミなどの　小さなどうぶつを食べる。むれはつくらず、岩や木に　自分のにおいをつけて　なわばりを　つたえる。

こんなことがありました

レッサーパンダ

ミーミーは、おしりにおできができる　びょうきにかかりました。そのしゅじゅつのようすです。

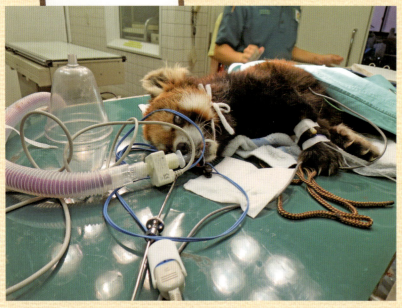

ますいで　しっかりねむらせてから　口からくだを入れ、もしいきがとまっても　人工こきゅうきで　いきができるようにしてしゅじゅつをしました。
ぜんしんのますいは　いのちのきけんもあるので、いつも　しんちょうに　おこなっています。

ミーミーは　レッサーパンダとしては長生きしました。たくさんの子どもをのこし、2015年3月に20さい9か月で　この世をさりました。

レッサーパンダはよく木の上にいます。
今日も 木の上で休んでいました。

ミーミーのむすめのデールです。ミーミーの子どもたちは、あちらこちらの どうぶつ園で元気にくらしています。

ぜつめつから すくうために

ぜつめつがしんぱいされている どうぶつをすくうことは かんたんなことでは ありません。しかし、どうぶつ園で そうしたどうぶつを まもり、赤ちゃんが生まれるよう どりょくすることは、ぜつめつから すくうことにつながります。

どうぶつたちが 生まれたばしょで 生きられなくなっているのは、人間のおこないにも げんいんがあります。たとえば、車から出る はいきガスのために ちきゅうのおんどが上がり、ほっきょくのこおりがとけて、ホッキョクグマの数がへっています。また、畑や家用の 土地をつくるために 森の木をたくさん切ることで、森でくらすどうぶつが生きられなくなっています。

オスのオランウータンのジュリーが、わたしの手をさわっています。オランウータンも、野生では とても数が少なくなっています。

元気におよぐホッキョクグマのジャンブイ。野生のホッキョクグマも、こんなふうに 元気にすごせるといいなと思います。

ぜつめつがしんぱいされている どうぶつを どうぶつ園で じっさいに見ることが、どうぶつたちの ふるさとについて 考えるきっかけになるといいなと思っています。

わたしたち ひとりひとりが ちきゅうのしぜんについて 考えることは、やがて どうぶつたちを ぜつめつからすくうことに つながります。

そのために、わたしたち じゅういは、ぜつめつがしんぱいされている どうぶつのけんこうをまもり、そして 赤ちゃんが生まれるように 世界中のどうぶつ園とも 力を合わせて どりょくをつづけています。

解説

絶滅から救う仕事

　みなさんは、絶滅が心配されている動物が、今、世界中にどのくらいいるかご存じでしょうか。IUCN（国際自然保護連合）によると、2016年現在、「レッドリスト（絶滅のおそれのある世界の野生動物のリスト）」に登録されている動物は、1万2316種。2015年より334種も増えているそうです。

　動物園では、環境省や世界中の動物園、研究機関と協力しながら、それらの動物を飼育し繁殖させることで、絶滅危惧種を地球上に残すための努力を続けています。

　動物園の獣医師は、絶滅危惧種の動物たちの健康を守るだけでなく、繁殖にも力を入れています。

　動物の体の状態を確認するために、採血やエコーなどの検査を行います。繁殖センターなどの施設や研究機関と協力して、精子や卵子を採取し、凍結保存することもあります。絶滅危惧種の遺伝的な資源を残し、人工授精など将来の研究に役立てるためです。

　また、繁殖可能なオスとメスを一緒にする準備をします。世界中の動物園と協力して、動物を移動させたり、繁殖のために動物の貸し借りをするブリーディングローンを行ったりしています。

　野生動物がその数を減らしてしまった原因の多くは、人間の活動にあります。人間の、地球環境より個人の欲望を優先する生活によって、地球の水や空気がよごれ、森林が減り、さらに、農薬などの有毒な化学物質が増えています。

　そのため、野生動物のすみかや食べもの、そして命が奪われているのです。

　子どもたちにとって、動物園で絶滅危惧種の動物に出会うことが、地球環境について考えるきっかけになればと願っています。

どうぶつ園のじゅういシリーズ 全3巻

植田美弥 監修

動物園の獣医には、いろいろな仕事があります。動物たちの病気やけがを治し、赤ちゃんを守り、絶滅から救う仕事などです。動物園の獣医の一日の仕事を紹介しながら、小動物から大きな動物、小鳥から猛獣まで、ふだん見ることのできない、さまざまな動物たちの治療や診察のようすを解説しています。見返しでは、動物の実際の大きさも紹介しています。

びょうきや けがを なおす しごと
第1巻

チーターやペンギンの採血、ワラビーの抜歯、インドライオンの手術、小さなモルモットや大きなゾウの治療、ハイラックスのレントゲン撮影のようすなどを紹介しています。また、獣医のさまざまな仕事道具や、動物が治療などに慣れるためのトレーニングのようすも紹介しています。

チーター／ペンギン／ワラビー／カンガルー／ライオン／インドライオン／モルモット／ハイラックス／ゾウ／テナガザル／ヤブイヌ

赤ちゃんを まもる しごと
第2巻

群れで子育てをするミーアキャットやニホンザル、オカピやエランドやテングザルの出産、ドゥクラングールやリカオンやカワウソの人工哺育、甘えん坊のチンパンジーのようすなどを紹介しています。また、人工哺育の道具や、獣医のさまざまな仕事場も紹介しています。

ミーアキャット／オカピ／ドゥクラングール／リカオン／ニホンザル／チンパンジー／エランド／テングザル／カワウソ

ぜつめつから すくう しごと
第3巻

絶滅が心配されているオランウータンの人工哺育やツシマヤマネコの健康診断、イノシシの妊娠判定、キリンやサイやホッキョクグマの繁殖のための輸送、トラの出産やレッサーパンダの手術のようすなどを紹介しています。また、保護された身近な野生動物たちの治療や、動物を絶滅から救うための国境をこえた作戦も紹介しています。

オランウータン／イノシシ／ツシマヤマネコ／キリン／サイ／トラ／ホッキョクグマ／ウンピョウ／レッサーパンダ

※「どうぶつ園のじゅうい」シリーズでは、動物名を大きなグループの名前で紹介しています（例：ペンギン）。それぞれの動物の情報コーナーでは種名で紹介しています（例：フンボルトペンギン）。

どうぶつ園のじゅうい

ぜつめつから すくう しごと

初版発行 2017年3月　第8刷発行 2023年9月

【編集スタッフ】
編集————アマナ／ネイチャー＆サイエンス（佐藤 暁）
　　　　　中野富美子
撮影————福田豊文
写真提供———公益財団法人 横浜市緑の協会
　　　　　　よこはま動物園ズーラシア
取材協力———よこはま動物園ズーラシア
　　　　　（村田浩一・植田美弥・須田朱美・
　　　　　　上田佳世・青柳さなえ）
文————中野富美子
イラスト———ニシハマカオリ
ブックデザイン—椎名麻美

監修————植田美弥
発行所———株式会社 金の星社
　　　　　〒111-0056　東京都台東区小島1-4-3
　　　　　TEL 03-3861-1861（代表）　FAX 03-3861-1507
　　　　　振替 00100-0-64678　ホームページ https://www.kinnohoshi.co.jp
印刷————株式会社 広済堂ネクスト
製本————東京美術紙工

NDC480　32ページ　26.6cm　ISBN978-4-323-04176-6
©amana, 2017　Published by KIN-NO-HOSHI-SHA, Tokyo, Japan
■乱丁落丁本は、ご面倒ですが小社販売部宛ご送付下さい。送料小社負担にてお取替えいたします。

JCOPY 出版者著作権管理機構 委託出版物

本書の無断複写は著作権法上での例外を除き禁じられています。複写される場合は、そのつど事前に、出版者著作権管理機構（電話 03-5244-5088、FAX 03-5244-5089、e-mail: info@jcopy.or.jp）の許諾を得てください。
※本書を代行業者等の第三者に依頼してスキャンやデジタル化することは、たとえ個人や家庭内での利用でも著作権法違反です。

ボルネオオランウータンの赤ちゃん
(『ぜつめつから すくう しごと』7ページ)
おとなしいどうぶつですが、おとなになると 力が
とても強くなるので、ちゅういが ひつようです。

リカオンの赤ちゃん
(『赤ちゃんを まもる しごと』16ページ)
子犬のように見えますが、あごが大きく
かむ力が強いので、せいちょうしたら
気をつけなくてはなりません。